ARBEITSGEMEINSCHAFT FÜR FORSCHUNG
DES LANDES NORDRHEIN-WESTFALEN

57. Sitzung
am 14. Dezember 1955
in Düsseldorf

ARBEITSGEMEINSCHAFT FÜR FORSCHUNG DES LANDES NORDRHEIN-WESTFALEN

HEFT 57

Theodor von Kármán

Freiheit und Organisation in der Luftfahrtforschung

Leo Brandt

Bericht über den Wiederbeginn
deutscher Luftfahrtforschung

SPRINGER FACHMEDIEN WIESBADEN GMBH

ISBN 978-3-663-00548-3   ISBN 978-3-663-02461-3 (eBook)
DOI 10.1007/978-3-663-02461-3

INHALT

Freiheit und Organisation in der Luftfahrtforschung

Von Professor Dr. *Theodor von Kármán*, Pasadena

Wenn man einen deutschen Gelehrten am Anfang dieses Jahrhunderts gefragt hätte, was er über das Thema „Freiheit und Organisation in der Forschung" denkt, hätte er sicher geantwortet, daß Forschung ohne Freiheit nicht denkbar ist und die Forschung keiner besonderen Organisation bedarf. Als ich in den Jahren um 1910 junger Privatdozent an der Universität Göttingen war, habe ich mich oft mit Paul Ehrlich, dem Entdecker des Salvarsans, der in Göttingen Honorarprofessor war, unterhalten. Er sprach von den neuen „Forschungsanstalten", in welchen man den jüngeren Leuten befiehlt, täglich 8 Stunden zu „forschen". Die Forschung braucht gute Ideen, aber keine Organisation, meinte er mit Recht.

Nun hat sich der alte Prototyp der Forschungsstelle gründlich geändert. Damals bestand die akademische Forschungsstelle aus einem „Meister", zu dem die „Gehilfen" von allen Ländern zugeströmt waren, um zu lernen, wie man sich Forschungsaufgaben widmet, ungefähr in der Weise, wie die Lehrlinge dem Meister abgucken, wie man Schuhe oder Möbel fabriziert. In jenen glücklichen Zeiten bestand die Organisation aus einem älteren Assistenten oder einer vertrauten Sekretärin, und die Universität lieferte die notwendigen bescheidenen Mittel.

Heute sind die notwendigen Mittel vielfach angewachsen und das „Teamwork" hat ungeheuer an Bedeutung gewonnen. So entstand das Problem, wie bei all diesen Notwendigkeiten der modernen Zeit die Freiheit der Forschung bewahrt werden kann.

Woraus besteht die Freiheit der Forschung? Ich glaube, es sind drei Momente wesentlich, die ich eines nach dem anderen kurz besprechen möchte.

Der erste Punkt ist die Freiheit in der Wahl des Gegenstandes der Forschung. In alter Zeit, z. B. als ich mit meinem berühmten Lehrer Professor Prandtl gearbeitet habe, war die Wahl des Gegenstandes sehr einfach. Prandtl hatte eine Liste von Problemen gehabt, die er seine „Speisezettel" nannte, Probleme, welche grundlegendes, zeitgemäßes Interesse hatten und dabei die

Hoffnung boten, daß in beschränkter Zeit Ergebnisse erreicht werden konnten. Später, insbesondere mit der zunehmenden Kompliziertheit der Versuchseinrichtungen, hat ein großer Teil der Forschungsaufgaben die Form eines Forschungsvertrages angenommen. Solche Verträge wurden und werden in Gegenwart von Behörden, Stiftungen und Industriefirmen gemacht. Naturgemäß liegt die Versuchung nahe, den Gegenstand der Forschung im voraus genau zu definieren. Ich glaube, daß diese Tendenz die Forschungstätigkeit nicht immer nützlich beeinflußt. Forschung ist meistens mit einem Risiko verbunden; die Aufgaben, für welche man das Ergebnis im großen und ganzen voraussehen kann, haben kein besonderes Interesse. Ich habe vor Jahren in Pasadena einen ganz begabten Doktorkandidaten gehabt, der heute ein wichtiges Arbeitsgebiet in der Rand-Corporation leitet. Er hat, bevor er zu mir gekommen ist, in der Windkanalabteilung unserer Hochschule gearbeitet. Eines Tages sagte er mir, er hätte ein schreckliches Gefühl der Unsicherheit. Als er im Windkanal gearbeitet hat, konnte man das Ergebnis ungefähr voraussehen. Wenn die Versuche die Theorie bestätigt haben, war alles in Ordnung. Aber auch, wenn gewisse Abweichungen gefunden worden sind, war es möglich, diese zu analysieren und die Ursache der Abweichung aufzuklären. In der Forschungsaufgabe, die ich ihm gegeben habe, glaubte er eines Tages etwas Neues entdeckt zu haben; dann stürzte infolge neuer Beobachtungen oder Überlegungen das ganze Ideengebäude zusammen und man mußte neu anfangen aufzubauen, ohne zu wissen, ob man sich jetzt wirklich auf dem rechten Pfad befand. „Lieber Freund", sagte ich ihm, „wenn ich die richtige Lösung im voraus wüßte, würde ich die Forschungsarbeit gar nicht anfangen."

Es liegt in der Natur der Forschungstätigkeit, daß man öfter während der Arbeit beschließt, die Richtung zu ändern. Es handelt sich weniger um unvorhergesehene Schwierigkeiten, sondern vielmehr um neue Wege, die sich während der unternommenen Arbeit klar eröffnet haben. Ich hatte in meiner eigenen Praxis einen amüsanten Fall. Der Projektoffizier hat uns die Bezahlung der Vertragssumme verweigert, weil wir die Bedingungen nicht ganz erfüllt haben. In der Tat haben wir die Frage, deren Lösung den Gegenstand des Vertrages bildete, nicht vollständig gelöst, aber auf dem Wege haben wir viel interessantere und wenigstens meiner Meinung nach wichtigere Ergebnisse erhalten. Ich versuchte ohne Erfolg, diesen Standpunkt darzulegen. Schließlich sagte ich dem Herrn, daß er auch den Christoph Columbus des Vertragsbruches beschuldigt hätte. Columbus hat in der Tat für die Entdeckung eines neuen Seeweges nach Ostindien einen Vertrag abgeschlossen. Zweifellos hat er diesen Vertrag nicht erfüllt. Indessen entdeckte er diesen Kontinent, auf welchem wir beide leben und eine interessante Diskussion über Forschung und Entdeckung führen. Dieses Argument nutzte. Glücklicherweise war dieser Offizier mit der Geschichte der Entdeckung seines Heimatlandes nicht besonders vertraut, sonst hätte er mir entgegenhalten können, daß Columbus in der Tat eingesperrt wurde, weil er die ihm gezahlten Gelder nicht einwandfrei verrechnen konnte.

Es gibt viele Amtsstellen, Behörden oder Stiftungen, die bezüglich der Wahl des Gegenstandes der Forschung, die sie subventionieren, einen sehr liberalen Standpunkt für die Forschung einnehmen. Dagegen sind manche zu sehr bestrebt, die Forscher in gewissen vorgeschriebenen Bahnen zu halten und zu versuchen, die Arbeit in allen Einzelheiten im voraus zu planen.

Ich habe die alte Notgemeinschaft der deutschen Wissenschaft in dankbarer Erinnerung. Als ich noch als Direktor des Aerodynamischen Instituts in Aachen wirkte, habe ich wesentliche Unterstützung von der Notgemeinschaft erhalten, wobei ich nur im allgemeinen das Wissensgebiet – z. B. Wärmeübertragung oder turbulente Strömung – anzugeben hatte.

Natürlich muß man unterscheiden zwischen Grundlagenforschung und Zweckforschung, welche gegen die Schaffung eines Prototyps gerichtet ist. Das letzte gilt für viele Fälle in der industriellen Forschung oder auch für manche Verträge, die von militärischen Organisationen an Forschungsanstalten erteilt werden.

Man sollte annehmen, daß industrielle Forschung im allgemeinen den Charakter einer von dem betreffenden Konzern vorgeschriebenen Zweckforschung hat. Trotzdem unterhalten viele große Konzerne Forschungslaboratorien, die volle Freiheit in der Auswahl der Forschungsobjekte genießen. Allerdings hört man auch kritische Worte über die Organisation der Forschung in gewissen Unternehmungen. Der Forschungsdirektor eines der größten amerikanischen chemischen Werke in den Vereinigten Staaten hat die folgende Bemerkung gemacht: „Die bestqualifizierte Person für die Entscheidung, was für Forschung unternommen werden soll, ist die Person selbst, die die Forschung ausführt. Die nächstbeste ist der Abteilungschef. Wenn wir höher gehen, gelangen wir zu stets weniger qualifizierten Personen und zu Gruppen mit abnehmender Kompetenz. Die erste solche Persönlichkeit ist der Forschungsdirektor, der wahrscheinlich unrecht hat in mehr als der Hälfte der Fälle. Dann kommt ein Komitee, das in den meisten Fällen unrichtig urteilt. Schließlich gibt es ein noch höheres Komitee, welches aus dem Vizepräsidenten der Unternehmung besteht. Dieses Komitee hat *immer* ‚unrecht‘.“

Eine Schwäche mancher industrieller Forschungsarbeiten ist die fehlende Kontinuität. Um zu illustrieren, was ich meine, will ich die Erfahrung zitieren, die ich mit einer der größten Elektrizitätsfirmen in Deutschland machte. Diese Firma wollte meinen Rat in Wärmeübertragungsproblemen haben. Der Direktor sagte mir, daß sie darüber Versuchsmaterial über 20 Jahre angesammelt haben. Ich sollte zuerst dieses Material studieren. Es wurde mir bald klar, daß sie wohl viele Messungen gemacht haben, aber daß jede Versuchsreihe abgeschnitten wurde, sobald der bestimmte Transformator oder Generator, der den Anlaß für die Versuche darstellte, in Ordnung gebracht worden ist.

Es gibt industrielle Firmen, für die diese Regel nicht gilt; aber in sehr vielen Fällen – und dies gilt oft auch für Flugzeug- und Motorenwerke – haben die Personen, welche die Forschung leiten, nicht genügend Einfluß auf die Verwaltung, um die Festsetzung des Aufwandes an finanziellen Mitteln und besonders an Arbeitskräften zu sichern, nachdem die unmittelbare Schwierigkeit überwunden war.

Das zweite Element der Freiheit, welche die akademische Forschungsstelle kennzeichnete, ist die Freiheit in der Wahl der Mitarbeiter. Dieser Punkt machte keine Schwierigkeit, weil das akademische System automatisch für Nachwuchs sorgte und die internationale Freizügigkeit des akademischen Lebens den Zuzug der besten Talente ermöglichte, wenn sich an einer Universität ein Zentrum der Forschung in einem besonderen Lehrfach entwickelte. Heute bemüht man sich, durch Stipendien und Austauschorganisationen etwas von der alten Freizügigkeit wieder herzustellen. Innerhalb der Nationen, die dem Atlantischen Pakt angehören, hat auch die bescheidene Organisation, die ich leite und welche mit den üblichen Abkürzungen AGARD genannt wird, eine Austauschaktion angefangen.

Wir haben in Zusammenarbeit mit mehreren amerikanischen Universitäten und Forschungsinstituten junge europäische Ingenieure, die in der Luftfahrtforschung tätig sind, nach den Vereinigten Staaten geschickt, um die amerikanischen Einrichtungen und Versuchsmethoden kennenzulernen. Andererseits haben wir eine Reihe von amerikanischen Experten eingeladen, um an europäischen Forschungsstellen Seminare abzuhalten. Neuerdings hat die NATO offiziell eine ganze Anzahl von Stipendien für Austausch angekündigt, wobei aber bis zur Zeit die Naturwissenschaften und die technischen Wissenschaften außer acht gelassen worden sind.

Die innere Gestaltung der Zusammenarbeit an den modernen Forschungsstellen hat sich in den letzten Jahrzehnten sehr geändert, insbesondere weil die Gruppenarbeit (Teamwork) sehr in den Vordergrund getreten ist. Als ich zum letzten Male nach den Vereinigten Staaten ging, habe ich in dem Wartezimmer des Präsidenten eines der bekanntesten Unternehmungen in Akron (Ohio) ein Bild gesehen, welches fünf Maulesel (die man gut amerikanisch „Jackass" nennt) darstellte. Diese waren mit fünf Seilen zusammengebunden. Auf der linken Seite des Bildes zogen sie ohne System nach allen Richtungen. Auf der rechten Seite des Bildes waren die Maulesel schön parallel angeordnet und alle zogen den Karren in derselben Richtung. Darunter stand „individueller Kraftaufwand" bzw. „Teamwork". In meinem europäischen Überlegenheitsgefühl dachte ich, daß die Vorschrift wohl für Maulesel gilt, doch ist es nicht sicher, daß sie auch für wissenschaftliche Forscher angewendet werden kann. In den drei Jahrzehnten, die ich in Amerika verbracht habe, änderte ich meine Ansicht ganz gründlich. Wenn man nach Europa zurückkommt, findet man manche individuell hochstehende Forscher, die viel mehr geleistet hätten, wenn sie – wie man in Frankreich sagt – ein „equipe" gehabt hätten. Allerdings ist manchmal mit der Gruppenarbeit eine sehr weitgehende Spezialisierung verbunden, die Vor- und Nachteile hat. Wohl hat man auch in der Forschung alten Stils darauf geachtet, daß die verschiedenen Richtungen, z. B. Theorie und experimentelle „Kunst", vertreten sind. In der Luftfahrtforschung z. B. hat man dafür gesorgt, daß man die nötige Anzahl von Mathematikern, Materialfachleuten, Konstruktionsingenieuren, Physikern und Chemikern zur Verfügung hat. Doch geht die Spezialisierung heute viel weiter. Als ich als Berater mit Herrn *Northrop* in Los Angeles an seinem fliegenden Flügel gearbeitet habe, fand ich wunderschön, daß, wenn irgendeine Frage aufkam über Leistung, Längsstabilität, Quer- und Seitenstabilität, statisch oder dynamisch, Flügelfestigkeit, Festigkeit von Klappen, vom Landungsgestell und von Kontrollseilen, für jede Einzelfrage ein Spezialist zur Verfügung stand und man nur auf den richtigen Knopf zu drücken brauchte, um für jede spezielle Frage die Antwort zu bekommen. Diese Art der Arbeitsteilung macht den Erfolg zu sehr von ein oder zwei Personen abhängig, die die speziellen Informationen zu einem einheitlichen Entwurf zusammenschweißen. Ich glaube, ohne in das andere Extrem überzugehen, wo jeder behauptet, alles zu wissen, daß man darauf achten sollte, daß der Spezialist auch Nachbargebiete beherrscht oder wenigstens eine gute Übersicht und ein gesundes Urteil in Nachbargebieten besitzt.

Ich glaube, daß man sich über die Vor- und Nachteile der Spezialisierung stundenlang unterhalten könnte, doch hoffe ich, daß meine Andeutungen genügen werden, um zu zeigen, daß da ein wirkliches Problem vorliegt.

In Gebieten, die – wie die Luftfahrt – mit Fragen der nationalen Verteidigung zusammenhängen, ist eine Einschränkung der vollen Freiheit in der Auswahl der Mitarbeiter unvermeidlich. Ich will mich nicht darauf im einzelnen einlassen, insbesondere weil diese Frage eng zusammenhängt mit dem dritten Moment der Freiheit in der Forschung, die ich nun kurz besprechen will. Ich meine die Freiheit von *Diskussion und Veröffentlichung.*

Eine gewisse Einschränkung der freien Diskussion und Veröffentlichung war in der angewandten Forschung immer vorhanden, besonders in der industriellen Forschung aus Konkurrenzgründen. Die Frage ist jedoch viel wichtiger geworden durch den großen Einfluß, den die Forschung auf vielen Gebieten auf die Wehrfähigkeit eines Landes gewonnen hat. Es wäre kindisch, die Notwendigkeit einer solchen Beschränkung der freien Diskussion und Veröffentlichung zu leugnen, doch möchte ich zwei Gesichtspunkte hervorheben:
1. daß man sich darüber klarwerden soll, daß eine solche Beschränkung im Prinzip die Forschung nicht fördert und oft den Fortschritt verzögert;
2. daß man sich zu überlegen hat, in welchen Fällen die Einschränkung der Freiheit wirklich den gewollten Zweck erfüllt.

In gewissen Fällen hat man versucht, um die Sicherheit der Geheimhaltung zu wahren, die Diskussion innerhalb derselben Forschungsgruppe zu verhindern durch die sogenannte „Compartmentation" der Forschung, indem jeder Forscher nur über ein enges Gebiet Informationen erhält und nur solche, welche für seine Sonderaufgabe unbedingt notwendig sind. Ich glaube, daß man im allgemeinen gefunden hat, daß ein solches Verfahren der Güte und dem Tempo der Forschungsarbeit nicht gedeihlich war. Was den zweiten Punkt anbelangt, nämlich welche Ergebnisse der Grundlagenforschung oder der Zweckforschung geheimgehalten werden müssen oder können, glaube ich nicht, daß man allgemeine Regeln aufstellen kann. Ich ziehe vor, einige eigene Erfahrungen zu erzählen.

Im Jahre 1940 nahm ich an einer Besprechung in Washington teil, die die Frage behandelte, wie man für Baukonstruktionen die Wirkung einer plötzlichen Belastung, z. B. infolge einer Bombenexplosion, in Rechnung setzen soll. Die Vorschrift der Armee-Ingenieure behandelte die Frage in der klassischen Weise, indem man eine elastische Welle im Material der Struktur annahm. Man fragte nun, wie ein Material sich benimmt, wenn es über die Elastizitätsgrenze belastet wird. Mir erschien dies als eine hübsche theoretische Fragestellung, und in der Eisenbahn, als ich nach Los Angeles fuhr (eine Reise von drei Nächten und zwei Tagen), arbeitete ich eine angenäherte

Theorie aus, die ich dann der Nationalen Akademie der Wissenschaften in Washington zur Veröffentlichung zuschickte. Ich erhielt die Antwort, daß die Arbeit nicht veröffentlicht werden darf, da sie Ergebnisse liefert, die militärische Bedeutung haben dürften. Man hat mir einen Vertrag angeboten, zusammen mit meinem Mitarbeiter Professor *Duwez* das Problem theoretisch und experimentell weiterzuverfolgen. Gegen Kriegsende habe ich erfahren, daß mein guter Freund Sir *C. I. Taylor* in Cambridge/England ungefähr zu derselben Zeit genau dieselbe Theorie aufgestellt hat. Sein praktisches Interesse war die Deformation der Seile, mit denen die Ballone befestigt waren, mit welchen man London gegen Flugzeugangriffe zu verteidigen dachte. Dann erfuhr ich 1945 in Moskau, daß ein russischer Gelehrter auch dieselbe Frage gleichzeitig und im wesentlichen mit denselben Ergebnissen behandelt hatte.

Die sogenannte laminare Flügelform für Flugzeuge wurde viele Jahre als ein wohlgehütetes Geheimnis angesehen. Professor *Itiro Tani* von der Universität Tokio war mein Mitarbeiter an der Cornell Universität bei der Verfassung meines kleinen Buches über „Geschichte der Aerodynamik". Er erzählte mir, daß Dr. *George Lewis,* zu jener Zeit Direktor der N.A.C.A., in seiner „Wilbur Wright Lecture" (London) gesagt hat, daß man in den USA erfolgreich den Widerstand von Flugzeugflügeln verminderte, indem man die Flügelform so gestaltete, daß der laminare Strömungszustand in der Grenzschicht entlang des Flügels soweit wie möglich aufrechterhalten wird. Einzelheiten – bemerkte Dr. *Lewis* – könnte er leider nicht mitteilen. Nun haben Professor *Tani* und einer seiner Mitarbeiter sich hingesetzt und Profilformen gerechnet, deren Druckverteilung den Übergang zur Turbulenz gegen die Hinterkante des Flügels verschob. Manche dieser Flügel sind mit großer Genauigkeit identisch mit den amerikanischen Flügeln, und die Welt erfuhr die Theorie der laminaren Flügel zuerst durch die japanische Veröffentlichung.

Es ist evident, daß die Geheimhaltung durch Verbot der Publikation in diesem Fall nicht gelungen ist. Ich habe schon meinen Besuch in Rußland 1945 erwähnt. Als wir Professor *Joffes* Laboratorium in Leningrad besuchten, welcher mit Problemen der physikalischen Mechanik sich befaßte, hat mich eine weibliche Mitarbeiterin von *Joffe* um eine Unterredung gebeten, um meinen Rat einzuholen. Sie sagte, sie hätte ein wichtiges Problem, nämlich die Wirkung einer bewegten Last auf eine Eisschicht, die vom Wasser getragen wird. Ich fragte: „Sie meinen z. B. einen Panzerwagen, der über den Baikalsee fährt." Die gelehrte Dame ist blaß geworden und fragte mich, woher ich das weiß. Ich beruhigte sie, daß das nur ein schlechter Witz war;

dann fiel mir ein, daß ich vor vielen Jahren eine ähnliche Berechnung gemacht habe, als die Stadtverwaltung von Budapest wissen wollte, ob man theoretisch berechnen kann, in welchen Fällen es sicher sei, die Kinder über die gefrorene Eisfläche über die Donau gehen zu lassen. Ich habe der russischen Dame die Quelle angegeben, wo sie alle nötigen Grundlagen finden könne: die gesammelten Werke von *Heinrich Hertz,* der sich merkwürdigerweise mit dieser Frage befaßt hatte.

Es scheint mir, daß die Geheimhaltung von rein wissenschaftlichen Ergebnissen wenig Aussicht auf Erfolg hat, insbesondere wenn man vorsichtshalber annimmt, daß die Gegner wenigstens so gescheit sind, wie man selber ist.

Ich würde nun gerne das Thema der Freiheit beenden und einige Bemerkungen zu der Frage machen, in welcher Hinsicht Luftfahrtforschung einer Organisation bedarf.

Es wurde mit Recht gesagt, daß das meiste, was eine höhere Behörde für die Forschung tun kann, darin besteht, ein günstiges Klima für die Forschung zu schaffen, d. h. dafür zu sorgen, daß die Forscher nicht hungern und die notwendigen Versuchseinrichtungen zur Verfügung haben.

Heute ist die Sachlage infolge der komplizierten Natur der Forschungsaufgaben und der Versuchseinrichtungen nicht so einfach. Erstens wächst die Literatur in solchem Maße an, daß es für den einzelnen sehr schwer wird, den Publikationen auch in einem engeren Gebiet zu folgen. Folglich gewinnen die Probleme der Dokumentation, wie Abrisse und Übersichtsarbeiten, zunehmend an Wichtigkeit. Unsere AGARD-Organisation hat ein Komitee für Dokumentation, das versucht, diesen Aufgaben auf dem Gebiete der nichtklassifizierten (d. h. nicht geheimen) Luftfahrtforschung gerecht zu werden. Dabei ist zu beachten, daß man nie annehmen kann, daß, wenn etwas in Zeitschriften oder Berichten veröffentlicht worden ist, das auch allgemein bekannt sei. Man muß förmlich die Kenntnisse an den Mann bringen.

Wir haben z. B. die folgende Erfahrung gemacht. Die amerikanische und die englische Luftwaffe und die französische Fliegertruppe haben alle ihre eigenen Regeln, Messungs- und Rechnungsmethoden für das Erproben von Flugzeugen aufgestellt. Die betreffenden Handbücher waren nicht einmal geheim. Trotzdem haben die Flugzeugerprobungsanstalten der drei Länder niemals ihre verschiedenen Regeln verglichen. AGARD hat durch Zusammenarbeit der Fachleute und Institutionen der verschiedenen Länder, einschließlich Holland, Italien und Belgien, ein NATO-Handbuch verfaßt, das den nationalen Institutionen Anleitung und Informationen über die modernsten Methoden der Flugzeugerprobung geben soll.

Unsere periodischen Berichte über Fortschritte der Luftmedizin waren auch sehr nützlich für die interessierten Kreise in verschiedenen Ländern.

Eine sehr wichtige Frage der Organisation ist ein vernünftiger Plan für Versuchseinrichtungen. Man sollte nicht annehmen, daß grundlegende Neuentdeckungen nur mit großartigen, sehr teuren Versuchseinrichtungen gemacht werden können. Daher sollte man die Unterstützung kleinerer, ich möchte sagen mehr intimer Forschungsstellen nicht vernachlässigen. Ich habe einmal spaßweise gesagt, daß Robert Maier oder Joule das Äquivalent zwischen Wärme und Arbeit bestimmt hat; Einstein entdeckte die Äquivalenz zwischen Strahlung und Materie, aber die Äquivalenz zwischen Gehirn und Dollars in der Forschung hat man noch nicht genau bestimmt.

Um Forschungsstellen mit bescheidenen Einrichtungen konkurrenzfähig zu machen, ist es sehr wichtig, die Modellregeln sehr genau zu studieren. Im Englischen spricht man vom Scale-effect. In mehr wissenschaftlicher Ausdrucksweise handelt es sich um „Ähnlichkeitsgesetze". Das genaue Studium dieser Gesetze ermöglicht es, wichtige Folgerungen aus Versuchen in verhältnismäßig kleinem Maßstab auf Großausführungen zu ziehen. Naturgemäß hat diese Methode Beschränkungen, aber es ist manchmal erstaunlich, wie weit man mit bescheidenen Versuchseinrichtungen gehen kann.

Für die grundlegenden Aufgaben wird die akademische Welt sicherlich auch in der Zukunft viele nützliche Beiträge liefern. Von diesem Standpunkt aus finde ich, daß die Neuorganisation der Deutschen Versuchsanstalt für Luftfahrt einen sehr interessanten und versprechenden Weg angetreten hat, indem statt einer großen zentralen Forschungsanstalt Einzelinstitute aufgebaut werden, die mit den leitenden Hochschulen in unmittelbarer Fühlung stehen.

In den Vereinigten Staaten haben alle drei Zweige der Militärverwaltung (Luftwaffe, Marine und Armee bzw. Ordonnanzdepartment) viel für die Förderung der Grundlagenforschung an den Universitäten und den Technischen Hochschulen getan. Es werden in der Tat ganz beträchtliche Summen in der Form von Forschungsverträgen für grundlegende Untersuchungen gespendet. Außerdem widmet die NACA einen sehr großen Teil der Zeit der wissenschaftlichen Angestellten und des Budgets der Grundlagenforschung. Ein interessantes Beispiel, wie man ausgehend von rein theoretischen, grundsätzlichen Überlegungen zur praktischen Anwendung gelangen kann, wird durch die letzte Entdeckung über die günstige Form der Überschallflugzeuge geliefert. Die Grundidee war in etwas zu mathematischer Form in der Doktordissertation eines der begabtesten meiner Schüler, Professor *Hayes*, enthalten. Nach dieser Idee kann jede Kombination von Flügel, Rumpf und Motorverkleidung durch einen äquivalenten Umdrehungskörper ersetzt werden. Begabte Ingenieure von NACA haben praktische Regeln ausgearbeitet, die von Flugzeugkonstrukteuren unmittelbar zur Ermittlung der günstigsten Formen benutzt werden konnten. Nachdem diese Regeln durch Windkanalversuche Bestätigung gefunden haben, entstand die eigentümliche Rumpfform der neuesten mit Überschallgeschwindigkeit fliegenden Flugzeuge.

Manche maßgebenden Leute in den Vereinigten Staaten glauben, daß der Vorsprung der deutschen Forschung unmittelbar vor und während des letzten Weltkrieges gegenüber der amerikanischen Forschung teilweise dadurch ermöglicht worden ist, daß man in Amerika die große Mehrzahl der kompetenten Leute und die vorhandenen Versuchseinrichtungen von der Grundlagenforschung zur Lösung unmittelbarer Aufgaben abgelenkt hat. In der Tat hatte die damalige Leitung des NACA die Verpflichtung gefühlt, in erster Linie die unmittelbaren Bedürfnisse des Militärs und der produzierenden Industrie zu befriedigen. So wurden die grundlegenden Untersuchungen über Überschallgeschwindigkeit, Pfeilform usw. zurückgestellt. Wie man heute glaubt, ist es eine wichtige Aufgabe der Forschungsorganisationen, dafür zu sorgen, daß zu kritischer Zeit Versuchseinrichtungen und wissenschaftliches Personal für beide Aufgabenkreise (Grundlagenforschung und unmittelbare Anwendungsaufgaben) verfügbar sind.

Im Prinzip sollten die größeren Flugzeug- und Motorenwerke ihre eigenen Windkanäle und Prüfungsstellen besitzen. Da aber einige Versuchseinrichtungen große Dimensionen haben müssen und dementsprechend ungeheure Kosten der Anschaffung und Unterhaltung beanspruchen, so bedarf jedes Land einer Art leitenden Amtsstelle, welche die Benutzung dieser Einrichtungen durch einzelne Forschungsgruppen oder industrielle Konzerne regelt.

In der internationalen Beziehung sollte die Mitbenutzung von bestehenden und geplanten Versuchseinrichtungen eben weitergehen. Ich bin überzeugt davon, daß eine Mitbenutzung von Versuchseinrichtungen zwischen den in der NATO verbundenen kontinentalen Nationen ausgezeichnete Früchte für die Forschung und Industrie der einzelnen Länder bringen wird. Versprechende Anfänge sind in dieser Richtung bereits im Gange, und ich möchte bemerken, daß AGARD solche Bestrebungen stets unterstützt hat und auch in der Zukunft unterstützen wird.

Bericht über den Wiederbeginn
deutscher Luftfahrtforschung

Von Staatssekretär Professor Dr. med. h. c.
Dr.-Ing. E. h. *Leo Brandt*, Düsseldorf

Eine Anzahl wichtiger Zweige der modernen Technik, die so eng mit den Naturwissenschaften verbunden ist, besteht, wenn man von ihren wissenschaftlichen Anfängen ausgeht, jetzt etwa 50 Jahre lang. Dies gilt für die moderne Atomphysik, die die Atomtechnik hervorgebracht hat, wenn man von Einstein und Max Planck an rechnet, und für die Luftfahrttechnik, wenn man den ersten Motorflug der Brüder Wright, der durch die Lilienthalschen Versuche angeregt war, als Ausgangspunkt nimmt. Welches Glück, den unmittelbaren Kontakt mit Persönlichkeiten zu besitzen, die zu den wissenschaftlichen Pionieren von Forschungsgebieten gehören, die aus unserer modernen Zivilisation nicht mehr wegzudenken sind und die im wahrsten Sinne des Wortes die Welt umgestaltet haben.

Wir hatten soeben das Erlebnis, daß der bedeutendste Weggenosse von Prandtl, dem ursprünglichen Begründer der Aerodynamik, zu uns sprach, unser Ehrengast, Professor von Kármán. Ich hatte selbst das große Glück, in den ersten Semestern meines Studiums an der Technischen Hochschule in Aachen bis zum Vorexamen Vorlesungen bei Herrn von Kármán zu hören, und auch bei ihm die etwas gefürchtete Prüfung in Mechanik zu machen. Wir jungen Studenten hatten damals eine gewisse ehrfürchtige Vorstellung von den großen Erkenntnissen, die schon zu dieser Zeit auf dem Gebiete der Aerodynamik herangereift waren, und wir standen erwartungsvoll an der Schwelle einer neuen Luftfahrttechnik, die sich dieser theoretischen Erkenntnisse bedienen würde. Das tat die Luftfahrttechnik damals; um 1930 herum entstanden Entwürfe für Nurflügelflugzeuge von Junkers. Ich entsinne mich seiner von großem Schwung beseelten Vorträge. Dann kamen die neuen aerodynamischen Formen des Heinkel-Blitz, der HE 130, des Condor von Focke-Wulf und der Ju 90. Dann plötzlich senkte sich der Schleier der Geheimhaltung über die moderne Luftfahrttechnik, ebenso wie über andere Gebiete, und man erfuhr erst nach dem Kriege, daß im Jahre 1939 das erste Düsenflugzeug aus der Heinkelschen Fabrik seine Erprobungsflüge durchgeführt hatte. Nur wenigen wurde auch die Bedeutung der in Serie gebauten Düsenflugzeuge Me 262 von Messerschmitt und Arado 234 von Blume bewußt. Immerhin muß hier festgehalten werden, daß auf Grund eingehender Forschungsarbeit und auch technischer Leistungen erstaunliche Ergebnisse erzielt wurden. Mit dem ersten bemannten Raketenflugzeug, der Me 163, wurden bereits Geschwindigkeiten von über 1000 km/Std. erreicht. Jetzt sind die Früchte der wissenschaftlichen Arbeit der Aerodynamiker, der Antriebsspezialisten, der Materialfachleute, der Funker und Radarmänner der zivilen Luftfahrt in einem solchen Maße zugute gekommen, daß der Weltluftverkehr in bezug auf die Zahl der beförderten Personen etwa zwanzigmal und in bezug auf die Personenverkehrsleistungen (Pkm) etwa dreißigmal größer ist als vor dem Kriege, daß im vorigen Jahre 550 000 Menschen den Nordatlantik auf dem Luftwege überquert haben – im Jahre 1955 werden es 660 000 Menschen sein – und daß in den Vereinigten Staaten die Zahl der geleisteten Personen-Kilometer der Luftfahrt zum ersten Mal größer ist als die der Eisenbahn im vergleichbaren Fernverkehr.

Deutschland konnte sich, wie wir alle wissen, an der neuen Ära der zivilen Luftfahrt nicht beteiligen. Ich war noch in den Attrappenräumen von Junkers und Heinkel, in denen Holzmodelle im Maßstab 1:1 Teile der geplanten deutschen Ozeanflugzeuge zeigten, die die Erfahrungen der Nordatlantikflüge des Sommers 1939 verwerten sollten, aber aus allen diesen Plänen wurde nichts. Bis zum 5. Mai d. J. durfte in Deutschland kein Flugzeug gebaut werden und niemand durfte als Pilot tätig sein.

Besteht überhaupt die Möglichkeit, wie es mir aufgegeben ist, einen kurzen Bericht über den Wiederbeginn deutscher Luftfahrtforschung zu geben, wenn doch bis zu diesem Jahre jeglicher Luftfahrzeugbau unmöglich war?

Über die Versuche eines Wiederbeginns deutscher Luftfahrtforschung muß mit großer Bescheidenheit berichtet werden und bei aller Freude darüber, daß in den vergangenen Jahren durch den Weitblick mancher Persönlichkeiten einiges geschehen ist, gemessen an den Voraussetzungen vielleicht sogar recht viel, muß man doch klar herausstellen, daß im Vergleich zu dem, was in einem modernen Industriestaat auf diesem Felde selbstverständlich ist, bei uns nur erste Ansätze vorhanden sind. Ich hoffe sehr, daß unsere Gäste aus dem Ausland und von den deutschen Hochschulen es mir nicht verübeln, wenn ich hier in einer Veranstaltung der Arbeitsgemeinschaft für Forschung des Landes Nordrhein-Westfalen bei meinem Bericht zunächst in aller Kürze auf Bestrebungen eingehe, die dieses Gremium, das von Herrn Ministerpräsidenten Arnold vor über fünf Jahren gegründet wurde, auf diesem Felde unternahm. Herr Ministerpräsident Arnold hat von vornherein darauf hingewiesen, daß die Arbeitsgemeinschaft für Forschung zu seiner Unterrichtung sich mit der Bedeutung von Forschungsgebieten beschäftigen müßte, auf denen Deutschland damals eine Betätigung verboten war, nämlich der Kernphysik, der Radartechnik, der Technik der Gasturbinen und überhaupt der Flugtechnik.

Die erste unserer jetzt fast hundert wissenschaftlichen Veranstaltungen begann mit einem Vortrag von Herrn Professor Dr. *Friedrich Seewald* über die Bedeutung der neuen Flugzeugantriebe. Herr Professor *Seewald*, der jetzige Inhaber des Lehrstuhls von Professor von Kármán, ist diejenige Persönlichkeit, der es besonders zu danken ist, daß die Bedeutung der Luftfahrttechnik hier in Nordrhein-Westfalen von der Öffentlichkeit, der Regierung und dem Parlament gewürdigt und unterstrichen wurde. Es gelang Herrn Professor *Seewald*, der 1946 das einzige noch amtierende Mitglied der Fakultät für Maschinenwesen an der Technischen Hochschule in Aachen war, zu erreichen, daß nach und nach insgesamt sieben Mitglieder der weltbekannten, 1912 in Berlin gegründeten und lange von Professor *Seewald* geleiteten „Deutschen Versuchsanstalt für Luftfahrt" als ordentliche Professoren an die Technische Hochschule in Aachen berufen wurden. Es sind dies die Herren Professor *Bollenrath* für Werkstoffkunde, Professor *Leist* für Turbomaschinen, Professor *Lürenbaum* für Maschinengestaltung und Maschinendynamik, Professor *F. A. F. Schmidt* für Wärmetechnik und Verbrennungsmotoren, Professor *Quick* für den Lehrstuhl für Luftfahrt und Professor *Ebner* für Leichtbau. Dazu trat noch als Gastprofessor das Mitglied des Aufsichtsausschusses der Deutschen Versuchsanstalt für Luftfahrt, Professor *Abraham Esau*, der zu unserem Schmerz im Mai d. J. verstorben ist.

Es mag mir erlaubt sein, an dieser Stelle dem Kultusministerium unseres Landes, Frau Minister Teusch und Herrn Minister Schütz und dem Kabinett, unter der Leitung des Herrn Ministerpräsidenten, Dank zu sagen dafür, daß zu einer Zeit Lehrstühle für Luftfahrttechnik eingerichtet werden konnten, in der die Möglichkeit einer neuen deutschen Luftfahrtindustrie noch in weiter Ferne lag, um auf diese Weise eine Arbeitsmöglichkeit für die zahlreichen jungen Studenten zu schaffen, die trotzdem davon überzeugt waren, daß sie später in der Luftfahrtindustrie ihr Arbeitsfeld finden würden.

Herr Professor *Seewald* vertrat von vornherein den Standpunkt, daß neben der Hochschulforschung, die ihrem Wesen nach frei sein muß, die nach eigener Aufgabenstellung nach Erkenntnissen streben soll, die sie selbst als erstrebenswert ansieht, – wir haben soeben gehört, wie außerordentlich hoch Herr Professor von Kármán die Freiheit in der Forschung einschätzt — auch wieder eine Versuchs- und Forschungsanstalt der Luftfahrt entstehen müsse, die sich um die Ganzheit der Probleme eines modernen Flugzeuges zu bemühen habe, und die neben selbst gestellten Forschungsaufgaben für andere Aufgaben zur Verfügung zu stehen habe, die die Luftfahrtindustrie einer solchen Einrichtung zu übertragen beabsichtigt, da nirgends in der Welt ein Luftfahrtwerk alle Spezialisten und notwendigen Einrichtungen für jede Versuchs- und Forschungsart haben kann. Was lag näher als der Vorschlag von Herrn Professor *Seewald,* die Deutsche Versuchsanstalt für Luftfahrt als einen eingetragenen Verein, deren Mitglieder die Firmen der deutschen Luftfahrtindustrie waren und sind, wieder mit Leben zu erfüllen. Dieser Weg war dadurch gangbar, daß die Alliierten die Deutsche Versuchsanstalt für Luftfahrt als eine 1912 gegründete und einwandfrei nicht aus dem Nationalsozialismus herrührende Einrichtung anerkannten und von dem Verbot des Weiterbestehens ausnahmen. Die großen Versuchsstätten in Adlershof stehen uns leider nicht mehr zur Verfügung; es mußte ein neuer Platz gesucht werden. Die Städte Essen und Mülheim boten ihren so günstig im Industriegebiet gelegenen Flugplatz an, und die Professoren der Aachener Hochschule, die früher DVL-Mitglieder waren, erklärten sich bereit, in Personalunion die entsprechenden Institute der Deutschen Versuchsanstalt für Luftfahrt aufzubauen. Ich erwähnte schon, daß öffentliche Meinung, Parlament und Regierung des Landes Nordrhein-Westfalen den Vorschlägen mit einer ungewöhnlichen Aufgeschlossenheit folgten.

Wir können heute feststellen, daß die Deutsche Versuchsanstalt für Luftfahrt z. Z. 10 Institute, teilweise schon in Funktion, teilweise im Aufbau besitzt bei einem Gesamtpersonalbestand von etwa 150 Mitarbeitern, und zwar:

     das Institut für Aerodynamik unter Professor *Naumann,*
     das Institut für Festigkeit unter Professor *Ebner,*
     das Institut für Flugmechanik unter Dr. *Fingado,*
     das Institut für Flugmedizin unter Professor *Ruff,*
     das Institut für Thermodynamik unter vorläufiger Leitung von Dr. *Dehn,*
     das Institut für Turbomaschinen unter Professor *Leist,*
     das Institut für Werkstoffkunde unter Professor *Bollenrath.*

Dazu kommen das Institut für Hochfrequenztechnik, das bisher Professor *Esau* leitete, das Institut für Kybernetik, das demnächst besetzt wird, und, dank der vorzüglichen Zusammenarbeit mit dem Lande Bayern, das Institut für Flugtreib- und -schmierstoffe unter Professor Spengler in München und das Flugfunk-Forschungsinstitut, Oberpfaffenhofen, das durch den großherzigen Beschluß seiner Mitgliederversammlung unter ihrem Vorsitzenden Professor *Mayer*, dem Leiter der Zentrallaboratorien von Siemens & Halske, in die Deutsche Versuchsanstalt für Luftfahrt überführt wurde.

Wenn auch betont werden muß, daß erst der Anfang der Arbeiten vorliegt, darf hier doch einiges über bisherige Aufbauleistungen festgestellt werden. Im Rahmen des Institutes für Aerodynamik ist ein für die Forschung recht wichtiger Überschallwindkanal errichtet worden. Die erste Aufbaustufe erreicht z. Z. die dreifache Schallgeschwindigkeit und dient u. a. zur Untersuchung von Flugzeugmodellen und in Betrieb befindlichen Flugzeugantrieben von der Art von Staustrahldüsen und Spezialturbinen.

In einer zweiten Ausbaustufe, die im Laufe des nächsten Jahres fertiggestellt sein wird, wird der Windkanal die Machzahl 6 erreichen. Maßgebliche deutsche Aerodynamiker haben sich vor kurzem darüber verständigt, daß ein wirklich großer Windkanal errichtet werden soll. Bei der DVL liegen die Pläne für dieses Projekt vor. Hier soll eine Meßstrecke von relativ großem Durchmesser vorgesehen werden, die Messungen bei Unterschallgeschwindigkeit, bei Überschallgeschwindigkeit, und insbesondere auch in unmittelbarer Schallnähe zuläßt. Die Messungen im schallnahen Bereich sind für die moderne Flugtechnik von besonderer Bedeutung.

Das Institut für Statik und Festigkeit, das in einigen Monaten seinen Betrieb aufnimmt, ist so angelegt, daß Bruchversuche auch an großen Flugzeugflügeln, wie z. B. denen einer Super Constellation, vorgenommen werden können.

Das Institut für Luftfahrtmedizin ist das einzige seiner Art in Deutschland. Es hat moderne Unterdruckkammern und erhält eine Beschleunigungsapparatur, in der vierzigfache Erdbeschleunigung erzeugt werden kann, wobei bereits die 20fache Erdbeschleunigung innerhalb einer Sekunde erreicht werden kann.

Neben der Möglichkeit der Untersuchung von Gasturbinen-Brennkammern soll demnächst ein Versuchsstand für große Gasturbinen errichtet werden.

Das Institut für Hochfrequenztechnik betreibt Radargeräte, insbesondere für den interessanten Spezialzweck der Verfolgung von Gewitterwolken im Rahmen der modernen Radarmeteorologie. Es wird zusammenarbeiten mit dem in Aufbau befindlichen Radioteleskop der Bonner Sternwarte, das mit einem 25-m-Spiegel in einigen Monaten das größte je in Deutschland gebaute Radargerät sein wird und, neben den astronomischen Aufgaben, der Erforschung größter Reichweiten mit Radarwellen der verschiedensten Wellenlängen dienen soll.

Das Industrieland hier an Rhein und Ruhr hat beim Wiederbeginn deutscher Luftfahrtforschung, insbesondere auch durch die Arbeitsgemeinschaft für Forschung des Landes Nordrhein-Westfalen mitwirken können, die dieser Frage ihre besondere Aufmerksamkeit widmete. Es fanden auf diesem Gebiete in den letzten Jahren zahlreiche Vorträge und Diskussionen statt. Es sprachen die Herren: Professor Dr.-Ing. *Friedrich Seewald*, Aachen, über „Neue Entwicklungen auf dem Gebiet der Antriebsmaschinen", „Luftfahrtforschung in Deutschland und ihre Bedeutung für die allgemeine Technik", „Forschungen auf dem Gebiete der Aerodynamik"; Professor Dr. *Abraham Esau*, Aachen, über „Ortung mit elektrischen und Ultraschallwellen in Technik und Natur"; Professor Dr.-Ing. *Franz Bollenrath*, Aachen, „Zur Entwicklung warmfester Werkstoffe"; Professor Dr.-Ing. *Karl Leist*, Aachen, über „Forschungen in der Gasturbinentechnik"; Professor Dr.-Ing. *A. W. Quick*, Aachen, über „Ein Verfahren zur Untersuchung des Austauschvorganges in verwirbelten Strömungen hinter Körpern mit abgelöster Strömung"; Professor Dr.-Ing. *H. Ebner*, Aachen, über „Wege und Ziele der Festigkeitsforschung, besonders im Hinblick auf den Leichtbau".

Als ausländische Gäste referierten: Dr. *E. Colin Cherry*, London, über „Kybernetik"; Direktor Dr.-Ing. *Gustav-Victor Lachmann*, London, über „An einer neuen Entwicklungsschwelle im Flugzeugbau"; Mr. *Patmore*, London, über „Lufttüchtigkeit und technische Prüfung der Flugzeuge in England"; Mr. *Shenston*, London, über „Werftanlagen moderner Flugzeuge". Ich selbst sprach über „Navigation und Luftsicherung".

Es muß weiter mit besonderer Anerkennung festgehalten werden, daß die deutschen Bundesministerien, wie das Bundesverkehrsministerium, das Bundeswirtschaftsministerium, das Bundesinnenministerium, das Bundesverteidigungsministerium zusammen mit der deutschen Industrie materiell und ideell der Deutschen Versuchsanstalt für Luftfahrt ständige Unterstützung gewährt haben und daß als wichtigstes Ergebnis zu registrieren ist, daß der Deutschen Versuchsanstalt für Luftfahrt, wie in den langen Jahren bis 1933, wieder von Amts wegen sowohl die Musterprüfung als auch die Stück- und Nachprüfung der deutschen Flugzeuge übertragen wurde.

Die Deutsche Versuchsanstalt für Luftfahrt prüft z. Z. die Konstruktion und die Muster von 20 neuen deutschen Motorflugzeugtypen, 34 Segelflugzeugtypen und 2 kleinen Luftschiffen. Sie hat aber außerdem die Aufgabe der ständigen Überprüfung, die durch sechs Bezirksstellen, die inzwischen eingerichtet wurden, erfolgt – also die Sorge für die Lufttüchtigkeit – von z. Z. 170 Motorflugzeugen – 210 weitere sind zur Prüfung angemeldet – von 1500 Segelflugzeugen und einer Anzahl Frei- und Fesselballone.

Ein Schwesterinstitut der Deutschen Versuchsanstalt für Luftfahrt, deren Vorstand aus den Herren Professoren *Quick, Ebner, Ruff* und Dr. *Stock* besteht, und deren Aufsichtsausschußvorsitzender Herr *Frydag* ist – Herr Professor *Seewald* ist der Ehrenvorsitzende – ist die „Deutsche Forschungsanstalt für Luftfahrt" in Braunschweig, unter der Leitung von Herrn Professor *Blenk*, der gleichzeitig die für Aussprache und Zusammenwirken aller deutschen Luftfahrtinteressenten bestehende „Wissenschaftliche Gesellschaft für Luftfahrt" leitet.

Die Deutsche Forschungsanstalt für Luftfahrt führt die Tradition der Luftfahrtforschungsanstalt Völkenrode fort. Sie hat Institute für Aerodynamik unter Professor *Schlichting*, für Flugmechanik unter Professor *Blenk*, für Flugzeugbau unter Professor *Winter*, für Kolbentriebwerke unter Professor *Löhner*, für Luftfahrzeugführung unter Professor *Koppe*, für Strahltriebwerke unter Professor *Lutz*.

Sie führt die Prüfung der Drehflügelflugzeuge und der Triebwerke auf der Kolben- oder Turbinenbasis durch und arbeitet hierbei ähnlich wie die Deutsche Versuchsanstalt für Luftfahrt mit dem Bundesluftamt zusammen. Die „Deutsche Forschungsanstalt für Segelflug" führt die Tradition der deutschen Segelflugzeugforschung unter dem Altmeister dieses Gebietes, Professor *Georgii*, fort.

Die „Aerodynamische Versuchsanstalt Göttingen e. V." in der Max-Planck-Gesellschaft zur Förderung der Wissenschaften sieht es als ihre bedeutungsvolle Aufgabe an, weiterhin die Heimstätte des Geistes von Prandtl zu sein, der dort mit solchem Mitarbeiter wie Theodor von Kármán der Aerodynamik die großen Impulse gab.

Ich erwähnte vorhin die unabdingbare Bedeutung der Hochschulforschung, unabhängig von solchen Anstalten wie die DFL und DVL, und ich glaube, daß mit dem gleichen Dank, den ich vorhin unserem Kultusministerium aussprach, anerkannt werden muß, daß alle deutschen Länder sich in überaus erfolgreicher Weise bemüht haben, hervorragenden Fachleuten der deutschen Luftfahrtforschung eine Wirkungsmöglichkeit zu erschließen und sie auf vorhandene oder neu zu schaffende Lehrstühle zu berufen. Es ist mir unmöglich, hier alle diese Lehrstühle und ihre Inhaber zu nennen, aber ich möchte besonders unterstreichen, daß die Technische Universität in Berlin kürzlich einige besondere Lehrstühle für Fragen der Luftfahrt geschaffen hat, daß weiter in Darmstadt hervorragende Vertreter der Luftfahrtforschung, u. a. Professor *Bock*, tätig sind, von denen ich außerdem wegen seiner engen Verbundenheit mit unserem Ehrengast seinen langjährigen Mitarbeiter Professor *Scheubel* nennen möchte.

Daß die Technischen Hochschulen Karlsruhe und Stuttgart anerkannte Fachleute zu den ihren zählen, ist bekannt, wobei ich nicht unerwähnt lassen möchte, daß im Lande Baden-Württemberg erhebliche Mittel für den Wiederaufbau und die Neuerrichtung von Luftfahrtforschungsstätten und Lehrstühlen der verschiedensten Art zur Verfügung gestellt worden sind.

München hat sich neben der Pflege der elektrischen Nachrichtentechnik und der Hochfrequenztechnik auch für die engeren Nachbargebiete der Luftfahrt sehr eingesetzt. Hier sind besonders die Namen Professor Schmidt und Professor Meinke zu nennen. Auch in Hannover, der anderen niedersächsischen Technischen Hochschule neben Braunschweig, werden Gebiete der Luftfahrttechnik gepflegt.

Ich möchte noch darauf hinweisen, daß sich in Stuttgart, der Hauptstadt eines Landes, in dem seit den Tagen des Grafen Zeppelin so viel auf dem Luftfahrtgebiet geschehen ist, der Sitz der „Deutschen Studiengesellschaft Hubschrauber" und in der Form eines eingetragenen Vereins unter der Leitung von Herrn Dr. *Sänger* das „Institut für Physik der Strahlantriebe" sowie die „Arbeits- und Forschungsgemeinschaft Graf Zeppelin" befinden.

Das einzige deutsche „Institut für Luftrecht" wurde an der Universität in Köln errichtet, dort befindet sich auch die Abteilung Luftfahrt des Verkehrswissenschaftlichen Institutes, deren Leiter, Professor *Roessger,* von uns aus gesehen leider, von der Sache aus erfreulicherweise, kürzlich zum ordentlichen Professor nach Berlin berufen wurde.

Außer der Tatsache, daß wir diese ausgezeichneten Fachleute in Deutschland haben, kommt noch ein Gesichtspunkt hinzu, der uns hoffen läßt, den Anschluß wieder zu finden. Das ist die Tatsache der stürmischen Entwicklung der Luftfahrttechnik. Gewaltige Änderungen gehen vor sich.

Neues Material bahnt sich seinen Weg, Kunststoff und Glasfasergespinste. Man experimentiert mit dem Senkrechtstart. Vor allem aber findet auf dem Gebiet der Antriebe eine ständige Revolution statt, deren Ende noch nicht abzusehen ist. Der Schritt von den Kolbenmotoren zu den Gasturbinen bei den Verkehrsflugzeugen ist eingeleitet, dahinter steht die Frage der Verwendung der Staustrahldüsen und der Raketen.

Parallel dazu verläuft die Entwicklung des Überganges auf die Kernkraft als Brennstoff, wodurch wiederum die verschiedensten Formen der Antriebe, von der Dampfturbine mit Propeller über Gasturbine, Staustrahldüse und Raketen angestoßen werden.

Mit dem Problem des Flugzeugantriebes durch Kernenergie beschäftigt man sich in der ganzen Welt. Wir in Deutschland haben bis jetzt kaum Forschungsstätten für Kernenergiefragen. In Nordrhein-Westfalen haben wir eine enge Verbindung zwischen dem Verein zur Förderung der kernphysikalischen Forschung, der in Bonn ein Zyklotron aufgestellt hat, und der Deutschen Versuchsanstalt für Luftfahrt durch den Eintritt von Professor *Quick* in den Vorstand des genannten Vereins hergestellt, damit gemeinsame Arbeiten auf dem Gebiete der Kernenergie geplant werden können, vor allem schon bei der Vorbereitung des zu errichtenden Forschungsreaktors. Ich behaupte also:

Gerade dann, wenn eine Technik sich von fast allen ihren Grundlagen her im Umsturz und in der Bewegung befindet, ist es Zeit für die Mitwirkung von Männern, die auch schon früher Pionierleistungen vollbrachten und die gern bereit sind, an den neuen Problemen mitzuwirken. Hier allerdings ist von großer Wichtigkeit die Möglichkeit des Erfahrungs- und Ideenaustausches. Im Kriege hat dies in gewissen Zeiten infolge der Überspitzung der Geheimhaltung – Herr von Kármán hat dies Kapitel mit Recht berührt – in Deutschland sehr gefehlt.

Warum brauchen wir eine Luftfahrtindustrie und eine Luftfahrtforschung? Die Fachleute dieser Gebiete, die Pioniere des Flugzeugbaues, wollen natürlich gern wieder auf ihrem Gebiet tätig sein. Wen bewegt es nicht, zu hören, daß Professor *Dornier,* dessen fünf Söhne als Ingenieure in seinem Unternehmen tätig sind, demnächst sein erstes Nachkriegsflugzeug Do 27 in Deutschland produziert, daß Messerschmitt seine Nachkriegskonstruktion vorführt, daß Heinkel und Henschel und Focke-Wulf und Blume bereit sind, zu produzieren und zu konstruieren.

Der Wunsch, auf einem liebgewordenen Arbeitsgebiet tätig zu sein, ist aber noch keine ausreichende Begründung der Frage, ob die deutsche Volkswirtschaft Luftfahrttechnik braucht. Mancher mag darauf hinweisen, daß die Deutsche Lufthansa, die zu unserer aller Freude wieder erstanden ist, und sich in Tausenden von Flügen inzwischen entsprechend ihrer berühmten Tradition bewährt hat, sowieso ausländische Flugzeuge kauft. Professor *Seewald* hat bei seinem Werben für Luftfahrtforschung und Luftfahrtindustrie immer darauf hingewiesen, daß die Luftfahrtindustrie nun einmal in jeder Hinsicht, in bezug auf Statik und Festigkeit, Werkstoffe, Leistung je Rauminhalt bei den Triebwerken, die allerhärtesten Anforderungen der Technik überhaupt stellt, daß sie, ausstrahlend von den erreichten anderen Gebieten der modernen Technik, u. a. den Brückenbau, den Bau von Automotoren, Funk und Radar auf das stärkste befruchtet, und daß ein Industrievolk auf die Dauer nicht von Produkten seiner Industrie leben kann, wenn diese am stärksten vorwärtstreibende aller Techniken, die Luftfahrttechnik, nicht gepflegt wird. Wie stark muß dieser Grundsatz bei einem Volk wie dem deutschen gelten, das fast die Hälfte seiner Jahresnahrung gegen Exportgüter einführen muß und somit auf Gedeih und Verderben von seiner Industrie abhängt.

Wenn wir an die Wiedererrichtung der deutschen Luftfahrtindustrie herangehen, so haben wir ein Beispiel vor uns, nämlich den Wiederaufbau der deutschen Schiffbauindustrie und unserer Werften. 1945 besaßen wir kein einziges größeres Schiff mehr. Die Werften waren völlig demontiert. England ist, wie auf vielen Gebieten, so auch im Schiffbau führend, es ist die stärkste schiffbautreibende Nation der Welt. Es ist erstaunlich, daß die Nation, die nach England die meisten Schiffe baut, Deutschland ist. Dieses Beispiel ist gut für unser Streben nach Luftfahrtindustrie, aber auch wieder nicht gut. Das Bundesparlament hat sehr viele Sondervergünstigungen für den Schiffbau eingeräumt, genau wie auch unser Parlament und das Bundesparlament für die demontierte Hüttenindustrie. Ich habe einmal die Luftfahrtindustrie den „Spätheimkehrer der deutschen Wirtschaft" genannt. Es ist selbstverständlich, daß die Parlamente die Zeit der steuerlichen Sondervergünstigungen, der 7c- und 7d-Gelder, als abgelaufen ansehen, daß sie die Aufgabe der Industrieförderung dem normalen Kapitalmarkt überlassen, aber so richtig dieser Grundsatz ist, ohne eine ähnlich fördernde Einstellung der deutschen Parlamente und der deutschen Öffentlichkeit kann die deutsche Luftfahrtindustrie, weil sie ja ein Spätheimkehrer ist, nicht aufgebaut werden. Der Präsident des Bundesverbandes der deutschen Luftfahrtindustrie, Herr Dr. Rothe, hat kürzlich in diesem Saal mit sehr ernsten, bewegten Worten in Richtung auf die Bundeshauptstadt diese Tatsache unterstrichen und davor gewarnt, die Zeit vorübergehen zu lassen, weil es eines Tages zu spät sein könnte.

Warum kann es zu spät sein? Worauf allein kann sich überhaupt ein vernünftiger Anspruch gründen, daß wir wieder Luftfahrtindustrie und Luftfahrtforschung betreiben wollen? Doch nur darauf, daß wir früher auf diesen Gebieten in Deutschland Bedeutendes geleistet haben, daß wir heute noch die Schüler von Herrn v. Kármán unter uns haben, daß wir das Glück hatten, daß hervorragende deutsche Forscher aus dem Auslande zurückgekommen sind. Ich möchte nur erwähnen, daß beispielsweise Professor *Quick* eine vorzügliche Position in Frankreich aufgegeben hat. Wenn wir diese Jahre nicht nutzen, wenn wir etwa – ich möchte es gar nicht an die Wand malen – wieder das Umgekehrte erleben würden, daß die deutschen Forscher hier doch keine Arbeitsstätten finden, die deutschen Konstrukteure ebenfalls nicht, wenn die Pioniere in den Jahren, in denen sie noch mit vollen Kräften wirken können, nicht zum Aufbau kommen, dann kann es allerdings zu spät sein, dann könnten wir die Möglichkeit, an die früheren Leistungen wieder anzuschließen und die frühere Tradition zu erneuern, verlieren.

Ich habe Ihnen ausgeführt, daß die deutschen Länder meiner persönlichen Auffassung nach beim Wiederaufbau der Luftfahrtforschung ihre Pflicht, vielleicht sogar mehr als ihre Pflicht, getan haben, insbesondere deshalb, weil die deutsche Bevölkerung seit den Tagen von Lilienthal für die Fliegerei begeistert ist, was sich niemals so klar gezeigt hat wie nach den Tagen des Unglückes von Echterdingen, als das deutsche Volk, obwohl die Hofschranzen froh waren, daß das „Spielzeug" des Grafen Zeppelin zerstört war, die Mittel für die Fortführung des Luftfahrtgedankens spontan zur Verfügung stellte.

Wir müssen uns darüber klar sein, daß bei allem Erfreulichen in bezug auf den Anfang die eigentlichen und entscheidenden Schritte für den Wiederaufbau deutscher Luftfahrtforschung, genau so wie für den Wiederaufbau deutscher Luftfahrtindustrie, jetzt getan werden müssen. Lassen Sie mich hinsichtlich der Größenordnung der finanziellen Probleme nur eine Zahl nennen. Wir können und wollen uns nicht mit Amerika vergleichen und nicht die Verhältnisse in dieser großen Nation unsere Richtschnur für die Luftfahrttechnik sein lassen. Wenn man sich etwa auf den Standpunkt stellen wollte, man braucht 160 Millionen Einwohner, um Luftfahrttechnik zu betreiben, dann müßten wir resignieren. Wir haben aber Länder in Europa, die beweisen, daß man auch mit einer Einwohnerzahl und einem Industriepotential, das dem deutschen ähnlich ist, Ausgezeichnetes auf dem Gebiet der Luftfahrt leisten kann. Wir können uns vielleicht nicht mit England vergleichen – England hat Hervorragendes geleistet – der Opferwille Englands für seine Luftfahrt ist mehr als bewundernswert. Aber auch in Schweden und Holland gibt es Luftfahrtwerke; es gibt ausgezeichnete Flugzeugfabriken in Italien, wo Mitarbeiter und Schüler von Herrn von Kármán tätig sind, und es gibt, erlauben Sie mir, daß ich das hier aus eigener Kenntnis mit ganzer Anerkennung ausspreche, in Frankreich ausgezeichnete Arbeiten auf dem Gebiete der Konstruktion, der Technik und Forschung, wo vor Jahren mit Weitblick große Ziele geplant wurden, die jetzt heranreifen.

Und nun die eine Zahl auf dem finanziellen Gebiet, die ich Ihnen nennen möchte. Die französische Zentralanstalt für Luftfahrtforschung ONERA (Office National d'Etudes et de Recherche Aeronautiques) hat einen Etat von 50 Millionen DM. Die Mittel der Deutschen Versuchsanstalt für Luftfahrt sind bisher zu 80 % vom Lande Nordrhein-Westfalen, zu 15 % von der Bundesregierung und zu 5 % vom Lande Bayern zur Verfügung gestellt worden.

Wir sind stolz und glücklich, daß dem Aufsichtsorgan der Deutschen Versuchsanstalt für Luftfahrt in diesen Tagen der fest fundierte Haushaltsvoranschlag von 4 Millionen DM zur Vorlage gebracht werden konnte, aber, meine sehr verehrten Damen und Herren, was sind die 4 Millionen der DVL gegen die 50 Millionen der ONERA.

Wir sind nicht so vermessen zu erklären, im nächsten Jahr wollen wir 50 Millionen für die DVL haben; wir brauchen die Mittel auch nicht nur für die DVL, wir brauchen sie auch für andere Forschungsanstalten und für die Hochschulforschung, die in Frankreich sowieso neben der ONERA steht. Eines ist jedoch ganz sicher, wir müssen jetzt mehr Mittel für Luftfahrtforschung erhalten. Es müssen größere Anstrengungen gemacht werden. Diese Anstrengungen können auch nicht nur den deutschen Ländern überlassen werden. Das deutsche Volk muß sich auch durch sein Bundesparlament für diese Aufgabe einsetzen. Halten wir uns als gutes Vorzeichen – trotz mancher Unterschiede – auch weiterhin den Aufbau der deutschen Schiffbautechnik vor Augen. Die Grundlage für den wirklichen Wiederaufbau deutscher Luftfahrtforschung und -technik ist in den vergangenen Jahren gelegt worden. Lassen Sie mich an dieser Stelle, vielleicht für Sie alle, Dank sagen denjenigen Männern der Wissenschaft, die in weiter Vorausschau geplant haben, und denjenigen, die andere bessere Stellen aufgegeben oder verlokkende Angebote abgelehnt haben, die ihrem Arbeitsgebiet auch in den Jahren treu geblieben sind, wo die Hoffnung für eine künftige selbständige Arbeit fehlte. Das ist das Fazit meines Berichtes, diesen Männern und den deutschen Parlamenten und Regierungen zu danken, daß die Basis, die organisatorischen Vorbereitungen, vielfach auch die baulichen Voraussetzungen und die instrumentellen Einrichtungen geschaffen worden sind, daß jetzt wieder Luftfahrtforschung getrieben werden kann. Wenn nunmehr die Mittel für Forschung und Entwicklung in steigendem Maße freigegeben werden, wird es uns wieder möglich sein, mitzuwirken im Kreise der Nationen für die friedliche, im wahren Sinne des Wortes weltumspannende Luftfahrt. Daß wir im Kreise der Nationen wieder mitwirken können, das verdanken wir der manchmal für uns unerwarteten, überaus freundlichen Haltung der Fachleute der anderen Völker. Lassen Sie mich zum Schluß einmal hier sagen, was es für viele von uns, auch für mich, bedeutet hat, zu empfinden, mit welch ausgesprochener Aufgeschlossenheit und Freundschaftlichkeit wir schon vor Jahren und nicht erst heute aufgenommen worden sind bei Besuchen in England, Frankreich, Italien, Holland, der Schweiz und den Vereinigten Staaten.

Die Persönlichkeit, die uns in den letzten Jahren unschätzbare Hilfe geleistet hat, daß wir im Kreise der anderen Völker nicht nur mit höflicher Freundlichkeit, sondern mit offener Herzlichkeit aufgenommen wurden, die die alten Beziehungen zu der Rheinisch-Westfälischen Hochschule in Aachen, zu den deutschen Berufskollegen und den ehemaligen Schülern in der ihr eigenen menschlichen Verbundenheit wieder aufgenommen hat, ist unser Ehrengast, Professor *von Kármán*. Ihm sei dafür am Schluß dieses Berichtes auf das tiefste gedankt, daß er einen wesentlichen Anteil an der Tatsache hat, daß die Basis für den Wiederaufbau deutscher Luftfahrtforschung mit Erfolg geschaffen werden konnte.

AUSWAHL AUS DEN VERÖFFENTLICHUNGEN DER ARBEITSGEMEINSCHAFT FÜR FORSCHUNG DES LANDES NORDRHEIN-WESTFALEN

NATURWISSENSCHAFTEN

HEFT 1
Prof. Dr.-Ing. Friedrich Seewald, Aachen
Neue Entwicklungen auf dem Gebiet der Antriebs-
maschinen
Prof. Dr.-Ing. Friedrich A. F. Schmidt, Aachen
Technischer Stand und Zukunftsaussichten der Ver-
brennungsmaschinen, insbesondere der Gasturbinen
Dr.-Ing. Rudolf Friedrich, Mülheim/Ruhr
Möglichkeiten und Voraussetzungen der industri-
ellen Verwertung der Gasturbine
1951, 52 Seiten, 15 Abb., kartoniert, DM 2,75

HEFT 2
Prof. Dr.-Ing. Wolfgang Riezler, Bonn
Probleme der Kernphysik
Prof. Dr. Fritz Micheel, Münster
Isotope als Forschungsmittel in der Chemie und
Biochemie
1951, 40 Seiten, 10 Abb., kartoniert, DM 2,40

HEFT 4
Prof. Dr. Franz Wever, Düsseldorf
Aufgaben der Eisenforschung
Prof. Dr.-Ing. Hermann Schenck, Aachen
Entwicklungslinien des deutschen Eisenhüttenwesens
Prof. Dr.-Ing. Max Haas, Aachen
Wirtschaftliche Bedeutung der Leichtmetalle und ihre
Entwicklungsmöglichkeiten
1952, 60 Seiten, 20 Abb., kartoniert, DM 3,50

HEFT 8
Prof. Dr.-Ing. Wilhelm Fucks, Aachen
Die Naturwissenschaft, die Technik und der Mensch
Prof. Dr. Walther Hoffmann, Münster
Wirtschaftliche und soziologische Probleme des tech-
nischen Fortschritts
1952, 84 Seiten, 12 Abb., kartoniert, DM 4,80

HEFT 13
Dr.-Ing. E. h. Karl Herz, Frankfurt/M.
Die technischen Entwicklungstendenzen im elektri-
schen Nachrichtenwesen
Staatssekretär Prof. Dr. Leo Brandt, Düsseldorf
Navigation und Luftsicherung
1952, 102 Seiten, 97 Abb., kartoniert, DM 7,25

HEFT 15
Prof. Dr. Abraham Esau †, Aachen
Ortung mit elektrischen und Ultraschallwellen in
Technik und Natur
Prof. Dr.-Ing. Eugen Flegler, Aachen
Die ferromagnetischen Werkstoffe der Elektrotechnik
und ihre neueste Entwicklung
1953, 84 Seiten, 25 Abb., kartoniert, DM 4,80

HEFT 17
Prof. Dr.-Ing. Friedrich Seewald, Aachen
Die Flugtechnik und ihre Bedeutung für den all-
gemeinen technischen Fortschritt
Prof. Dr.-Ing. Edouard Houdremont, Essen
Art und Organisation der Forschung in einem In-
dustriekonzern
1953, 90 Seiten, 4 Abb., kartoniert DM 4,20

HEFT 26
Prof. Dr. Friedrich Becker, Bonn
Ultrakurzwellenstrahlung aus dem Weltraum
Dr. Hans Straßl, Bonn
Bemerkenswerte Doppelsterne und das Problem der
Sternentwicklung
1954, 70 Seiten, 8 Abb., kartoniert, DM 3,60

HEFT 27
Prof. Dr. Heinrich Behnke, Münster
Der Strukturwandel der Mathematik in der ersten
Hälfte des 20. Jahrhunderts
Prof. Dr. Emanuel Sperner, Hamburg
Eine mathematische Analyse der Luftdruckverteilun-
gen in großen Gebieten
1956, 96 Seiten, 12 Abb., 5 Tab., kartoniert, DM 5,—

HEFT 30
Prof. Dr.-Ing. Friedrich Seewald, Aachen
Forschungen auf dem Gebiete der Aerodynamik
Prof. Dr.-Ing. Karl Leist, Aachen
Einige Forschungsarbeiten aus der Gasturbinentechnik
1955, 98 Seiten, 45 Abb., kartoniert, DM 7,—

HEFT 33
Prof. Dr.-Ing. Volker Aschoff, Aachen
Probleme der elektroakustischen Einkanalübertragung
Prof. Dr.-Ing. Herbert Döring, Aachen
Erzeugung und Verstärkung von Mikrowellen
1954, 74 Seiten, 23 Abb., kartoniert, DM 4,30

HEFT 39
Dr. Heinz Haase, Hamburg
Infrarot und seine technischen Anwendungen
Prof. Dr. Abraham Esau †, Aachen
Ultraschall und seine technischen Anwendungen
1955, 80 Seiten, 25 Abb., kartoniert, DM 4,80

HEFT 41
Direktor Dr.-Ing. Gustav-Victor Lachmann, London
An einer neuen Entwicklungsschwelle im Flugzeugbau
Direktor Dr.-Ing. A. Gerber, Zürich Oerlikon
Stand der Entwicklung der Raketen- und Lenktechnik
1955, 88 Seiten, 44 Abb., kartoniert, DM 6,—

HEFT 43 a
Prof. Dr. José Mª Albareda, Madrid
Die Entwicklung der Forschung in Spanien
1956, 68 Seiten, 18 Abb., kartoniert, DM 4,—

HEFT 45
Prof. Dr. John von Neumann, Princeton, USA
Entwicklung und Ausnutzung neuerer mathematischer
Maschinen
Prof. Dr. E. Stiefel, Zürich
Rechenautomaten im Dienste der Technik
1955, 74 Seiten, 6 Abb., kartoniert, DM 3,50

HEFT 47
Staatssekretär Prof. Dr. Leo Brandt, Düsseldorf
Die praktische Förderung der Forschung in Nord-
rhein-Westfalen
Prof. Dr. Ludwig Raiser, Bad Godesberg
Die Förderung der angewandten Forschung durch die
Deutsche Forschungsgemeinschaft
1957, 108 Seiten, 82 Abb., kartoniert, DM 9,55

HEFT 50
Prof. Dr.-Ing. Friedrich A. F. Schmidt, Aachen
Probleme der Selbstzündung und Verbrennung bei
der Entwicklung der Hochleistungskraftmaschinen
Prof. Dr.-Ing. A. W. Quick, Aachen
Ein Verfahren zur Untersuchung des Austauschvorganges in verwirbelten Strömungen hinter Körpern
mit abgelöster Strömung
1956, 88 Seiten, 38 Abb., kartoniert, DM 6,15

HEFT 52
F. A. W. Patmore, London
Der Air Registration Board und seine Aufgaben im
Dienst der britischen Flugzeugindustrie
Prof. Dr. A. D. Young, Cranfield
Gestaltung der Lehrtätigkeit in der Luftfahrttechnik
in Großbritannien
1956, 92 Seiten, 16 Abb., kartoniert, DM 4,65

HEFT 54
Direktor Dr. Walter Dieninger, Lindau/Harz
Ionosphäre und drahtloser Weitverkehr
1958, 64 S., kartoniert, DM 5,50

HEFT 54 a
Sir John Cockcroft, London
Die friedliche Anwendung der Atomenergie
1956, 42 Seiten, 26 Abb., kartoniert, DM 3,—

HEFT 55
Prof. Dr.-Ing. Fritz Schultz-Grunow, Aachen
Das Kriechen und Fließen hochzäher und plastischer
Stoffe
Prof. Dr.-Ing. Hans Ebner, Aachen
Wege und Ziele der Festigkeitsforschung, besonders
im Hinblick auf den Leichtbau
1959, 116 S., kartoniert, DM 9,30

HEFT 57
Prof. Dr. Theodor von Kármán, Pasadena
Freiheit und Organisation in der Luftfahrtforschung
Staatssekretär Prof. Dr. Leo Brandt, Düsseldorf
Bericht über den Wiederbeginn deutscher Luftfahrt-
forschung

HEFT 61
Prof. Dr. W. Georgii, München
Aerophysikalische Flugforschung
Dr. Klaus Oswatitsch, Aachen
Gelöste und ungelöste Probleme der Gasdynamik
1957, 64 S., 35 Abb., kartoniert, DM 5,40

HEFT 67
Prof. Dr. Friedrich Panetz, F. R. S. Mainz
Die Bedeutung der Isotopenforschung für geochemische
und kosmochemische Probleme
*Prof. Dr. J. Hans D. Jensen und Dipl.-Phys.
H. A. Weidenmüller, Heidelberg*
Die Nichterhaltung der Parität
1958, 52 Seiten, 6 Abb., 9 Tab., kartoniert, DM 3,60

HEFT 67 a
M. le Haut Commissaire Francis Perrin, Paris
Die Verwendung der Atomenergie für industrielle
Zwecke
1958, 40 Seiten, 22 Abb., kartoniert, DM 3,90

HEFT 69
M. Maurice Roy, Châtillon
Recherche aéronautique française et perspectives
européennes
Prof. Dr. Alexander Naumann, Aachen
Methoden und Ergebnisse der Windkanalforschung
1958, 90 S., kartoniert, DM 7,50

HEFT 82
Dipl.-Ing. P. Schmidt, München
Periodisch wiederholte Zündungen durch Stoßwellen
1959, 58 S., kartoniert, DM 5,20

Insgesamt erschienen bisher rund 165 Veröffentlichungen aus folgenden Sachgebieten:

Religionswissenschaft, Philosophie, Geschichte, Sprach- und Literaturwissenschaft, Rechts- und Staatswissen-
schaft, Sozialwissenschaft, Astronomie, Physik, Chemie, Biologie, Medizin, Geologie, Wirtschaftswissenschaft,
Bergbau, Eisen- und Metallhüttenkunde, Maschinen- und Ingenieurbau, Elektrotechnik, Verkehrswesen (Luftfahrt und Schiffahrt), Textil u. a.